BEI GRIN MACHT SICH IHR WISSEN BEZAHLT

- Wir veröffentlichen Ihre Hausarbeit,
  Bachelor- und Masterarbeit

- Ihr eigenes eBook und Buch -
  weltweit in allen wichtigen Shops

- Verdienen Sie an jedem Verkauf

Jetzt bei www.GRIN.com hochladen
und kostenlos publizieren

G R I N ☺

Aerodynamische Energiewandlung. Technische Systeme - Aerodynamik

Simon Münster

Bibliografische Information der Deutschen Nationalbibliothek:

Die Deutsche Nationalbibliothek verzeichnet diese Publikation in der Deutschen Nationalbibliografie; detaillierte bibliografische Daten sind im Internet über http://dnb.d-nb.de abrufbar.

ISBN: 9783346933126
Dieses Buch ist auch als E-Book erhältlich.

Druck und Bindung: Books on Demand GmbH, Norderstedt Germany
Gedruckt auf säurefreiem Papier aus verantwortungsvollen Quellen

Das vorliegende Werk wurde sorgfältig erarbeitet. Dennoch übernehmen Autoren und Verlag für die Richtigkeit von Angaben, Hinweisen, Links und Ratschlägen sowie eventuelle Druckfehler keine Haftung.

Das Buch bei GRIN: https://www.grin.com/document/1390063

Assignment

zum Modul AST81

im Master Wirtschaftsingenieurwesen (M.Eng.)

an der AKAD University

Thema:

Aerodynamische Energiewandlung. Technische Systeme - Aerodynamik

Inhalt

1. Einleitung

1.1 Einführung in die Thematik

Die Erzeugung elektrischer Energie trägt in Deutschland derzeit wesentlich zur Emission klimaschädlicher Treibhausgase bei. Der Grund hierfür liegt in der intensiven Nutzung fossiler Brennstoffe. Für einen Wandel zu einer klimaneutralen Stromerzeugung muss der Fokus auf die Erzeugung aus erneuerbaren Quellen wie Wasser, Sonne oder Wind genutzt wurden. gelegt werden. Die zuletzt genannte regenerative Energiequelle Wind erzeugt aerodynamische Strömungen, die dank Windrädern zur Umwandlung in andere Energieformen genutzt werden können. Früher fanden diese Systeme Verwendung zur Konvertierung der aerodynamischen Effekte in Bewegungsenergie für den Betrieb von Mühlen. In der heutigen Zeit besteht die Hauptverwendung in der Erzeugung von Strom. Aufgrund der Komplexität des Aufbaus dieser Systeme gibt es verschiedene Zusammenhänge innerhalb des Gesamtsystems wie beispielsweise die Umwandlung der kinetischen in elektrische Energie.

1.2 Struktur dieses Assignments

Die Ausarbeitung gliedert sich inhaltlich in vier große Themenblöcke, die wiederum Unterpunkte beinhalten.

Im ersten Abschnitt soll zunächst der Aufbau von aktuell häufig genutzten Windrädern beschrieben werden, indem die einzelnen Komponenten vorgestellt werden, um im Anschluss auf die resultierenden Ursachen und Wirkungen innerhalb der Anlagen eingehen zu können. Im weiteren Verlauf werden die Transfersignale den einschlägigen Signalmerkmalen zugeordnet und relevante Rückkopplungen näher vorgestellt. Abschließend werden einige Aspekte hinsichtlich der Windenergie im Rahmen der Energiewende erläutert, damit ein möglicher Ausblick auf die Weiterentwicklung dieser Technologie formuliert werden kann.

Hinweis: Die Ziffern in eckigen Klammern verweisen auf die zitierten Textpassagen, deren Nachweise im Quellenverzeichnis im Quellenverzeichnis in Abschnitt **6** detailliert hinterlegt sind.

Außerdem wurde in Punkt **8** ein **Anhang** erstellt, um die maximale Textmenge im Fließtext nicht zu überschreiten und ein tiefgründiges Bild darstellen zu können.

2. Systembeschreibung

Dieser Abschnitt wurde aus Platzgründen in den Anhang unter Punkt **8.1** verschoben.

2.1 Ursachen & Wirkungen

Dieser Abschnitt wurde aus Platzgründen in den Anhang unter Punkt **8.2** verschoben.

3. Transfersignale

Ausgehend von der Wirkungskette in obenstehender Abbildung 4 werden in diesem Kapitel die elektrischen, mechanischen, thermischen Ein- & Ausgangssignale des Gesamtsystems wesentlichen Signalmerkmalen zugeordnet und anschließend soziale, technische, ökologische und ökonomische Rückkopplungen identifiziert.

3.1 Zuordnung von Merkmalen

Anströmung des Rotors und Rotation

Der Wind, welcher an der Eingangsseite auf das System trifft, lässt sich als zeitkontinuierliches, amplitudenkontinuierliches, und mehrdimensionales Signal definieren, da der Wind nicht konstant und auch nicht periodisch vorherrscht, und aus dem Wind das Signal der Rotation über die Welle in den Generator läuft. Darüber hinaus lässt sich die Windströmung als analoges und zeitbegrenztes Signal definieren, da es zu Windstille kommen kann. Bei windreichen Regionen wie an Küsten kann das Signal dann zeitunbegrenztr wahrgenommen.

Der Wind als Eingangssignal kann zudem als stochastisch und aperiodisch bezeichnet werden, da es nicht gänzlich möglich ist, alle Strömungen vorauszusagen und der Wind nicht zwingend in gleichen Perioden wiederholt auftritt. Insbesondere Seitenwinde und Verwirbelungen können nicht konkret erfasst werden.

Energiewandlung im Generator

Im Generator wird die Rotation in elektrische Energie umgewandelt, was ähnliche Signalmerkmale wie bei beim Eingangssignal auf den Rotor darstellt. Die Rotation erzeugt jedoch ein periodisches und deterministisches Signal, da es sich mit jeder Umdrehung reproduziert und die Rotation bei bekannter Windströmung voraussagen lässt. Der erzeugte Wechselstrom (bei häufig genutzten Synchron- oder Asynchrongeneratoren) wird dadurch ebenso ein periodisches und deterministisches Signal, das den Generator in Richtung Umrichtereinheit verlässt, da bei bekannter Rotation die potenziell umwandelbare Energie berechenbar ist und die Umwandlung vom periodischen Eingangssignal der Rotation abhängig ist. Zudem ist dieses Signal mehrdimensional, da es mehrere Parameter beinhaltet(Stromstärke, Spannung, Frequenz, Amplitude)

Zudem lassen sich die bislang genannten Signale vom Wind bis zur Einspeisung als kausal betrachten, da es keine Energieumwandlungen gibt, bevor der Wind den Rotor in Bewegung versetzt hat.

Darüber hinaus kann ein Windrad insgesamt als stabiles System bezeichnet werden, da das Windrad bei einem vordefinierten Wert zur Sicherheit abgestellt wird, um eine Überlastung zu verhindern.

Schnittstelle zum Stromnetz

Bei der Einspeisung des erzeugten Stromes in das lokale Netz über den Umrichter lassen sich ebenso die bereits genannten Merkmale bei Austritt aus dem Generator zuordnen, da die Einspeisung stets direkt vom Eingangssignal des im Generator erzeugten Wechselstroms abhängt.

Energieabruf vom Verbraucher

Sobald im Stromnetz ein steigender Bedarf an das Windrad zurückgespiegelt wird, erzeugt dies ein zeitdiskretes und amplitudendiskretes, zeitbegrenztes sowie aperiodisches und eindimensionales Signal (also auch digital), welches über die Regelung sowie die Schalt-/Schutzeinrichtung des Windrades eine mögliche Rotorblattausrichtung veranlasst. Das Windrad passt sich der Nachfragesituation an und liefert so bedarfsgerecht den benötigten Strom. Dieses Signal lässt sich als kausal und definieren, da die benötigte Windradeinstellung nicht schon vorab existiert. Zudem ist dieses Signal stochastisch anzusehen, da Die Bedarfssignale nicht für alle Zeitpunkte im Voraus bekannt sein können. Zu gewissen Tages- oder Jahreszeiten kann der Bedarf jedoch periodisch und deterministisch angenähert werden, da beispielsweise jedes Jahr im Winter und Herbst der Energiebedarf für Beleuchtung wegen kürzerer Tageszeiten steigt und dies bekannt ist.

3.2 Rückkopplungen

Technische Rückkopplungen

Aus der technischen Perspektive gibt es einige Rückkopplungen auf eine Windkraftanlage.

Eine wesentliche technische Rückkopplung ist die positive Rückkopplung des Windes auf Rotor und damit auf den Generator und die komplette technische Struktur der Energieumwandlung. Prinzipiell gilt: Mit steigender Windenergie steigt die mechanische Energie in Form von Rotation, die im Generator umgewandelt wird und ebenso das Bremsmoment, das die Welle im Generator erfährt (negative Rückkopplung) Darüber hinaus kann über eine zusätzliche Bremse eine negative Rückkopplung auf die Rotorwelle erzeugt werden. Insbesondere bei Starkwind kann dies eine Sicherheitseinrichtung darstellen.

Der Strombedarf des lokalen Stromnetzes stellt eine positive Rückkopplung dar, da ein steigender Bedarf die Windkraftanlage dazu veranlasst, die Regelung der Gondelausrichtung und Rotorblattstellung so zu beeinflussen, dass der momentane Bedarf durch das Windrad gedeckt werden kann.

Eine weitere negative technische Rückkopplung auf das technische System eines Windrads ist eine Windnachführung., welche durch den Störfaktor „Seitenwind" eine Nachführung der Windenergieanlage durch den Azimutmotor bewirkt.

Ökologische Rückkopplungen

Durch Die Zunahme von Wetterextremen aufgrund des Klimawandels können Starkwinde entstehen, die der Windkraft zunächst als positive Verstärkung entgegenstehen. Die Wirkung des Sturmtiefs Sabine im Januar verhalf der Windenergie zu einem Rekordanteil an der Stromerzeugung aus Windkraft. (siehe dazu Abbildung 8)

Als ein wesentlicher Bestandteil erneuerbarer Energieformen stellt die Windenergie einen zentralen Beitrag zur Schonung der Umwelt dar. Aus diesem Grund können Windräder zum einen als negative Rückkopplung auf den Klimawandel und zum anderen als positive Rückkopplung auf die Umwelt wegen Nutzung von Flächen zur Errichtung der Windräder gesehen werden, da die Errichtung Flächen versiegelt.

Ökonomische Rückkopplungen

Aus ökonomischer Hinsicht bestehen eine möglichst rentable Umsetzung und Betrieb der Anlage im Vordergrund. Diese Forderung nach Wirtschaftlichkeit kann zunächst als negative Rückkopplung gesehen werden, da ein hoher Kostendruck prinzipiell gegen ein System wirkt. In Kapitel 4.1 wird jedoch ersichtlich, dass die Windenergie aus Sicht der Kosten sehr attraktiv ist, sodass Windräder in ökonomischer Sicht tatsächlich eine positive Rückkopplung darstellen. Mit Hilfe des Preis-Mechanismus wird sich ein ausgewogener Preis/ kWh einstellen, der am Markt für Erzeuger und Verbraucher gleichermaßen passt.

Soziale Rückkopplungen

Eine negative soziale Rückkopplung besteht in Form von zahlreichen Protestaktionen, die bei der Planung und Errichtung neuer Windenergieanlagen gegen die Windräder demonstrieren und den Aufbau verhindern möchten.

Es existiert außerdem eine Rückkopplung durch den Energieabruf des Verbrauchers. Besteht Energiebedarf, beeinflusst dies die Windkraftanlage und es wird Energie gewandelt.

4. Relevanz im Zusammenhang mit der Energiewende

Hierzulande wird die Energiewende hin zu erneuerbaren Energien stets durch intensive Lobbyarbeiten verzögert, sodass beispielsweise der Ausstieg aus der Kohleverstromung bis in das Jahr 2038 verschoben wird, obwohl diese Technologie längst veraltet und unökologisch ist. Die Nutzung regenerativer Energiequellen wie Sonne oder Wind muss drastisch intensiviert werden, um das Leben künftiger Generationen möglichst erträglich gestalten zu können. Wie die Windenergie hierzu breitragen kann wird in diesem Kapitel näher beleuchtet. Dazu wird zunächst der ökologische Gesichtspunkt der Kosten betrachtet, um anschließend auf die Effizienz von Windenergieanlagen einzugehen und im Abschluss die politischen Gegebenheiten zu analysieren.

4.1 Kosten der Stromerzeugung

Dieser Abschnitt wurde aus Platzgründen in den Anhang unter Punkt **8.3** verschoben.

4.2 Wirkungsgrade der Energiewandlungssysteme

Dieser Abschnitt wurde aus Platzgründen in den Anhang unter Punkt **8.4** verschoben.

4.3 Politische Einflüsse

Dieser Abschnitt wurde aus Platzgründen in den Anhang unter Punkt **8.5** verschoben.

5. Zusammenfassung & Ausblick

Die Umwandlung von vorkommendem Wind in elektrische Energie stellt einen zentralen Bestandteil im Bestreben zur klimaneutralen Klimaversorgung dar. Im vergangenen Jahr konnte aufgrund günstiger Witterungsbedingungen ein großer Teil der Energieversorgung aus der Windkraft gewonnen werden, ohne schädliche Gase die Umwelt zu emittieren. Darüber hinaus sind Windenergieanlagen aus Kostenperspektive sehr interessant, sodass die Bedeutung der Windkraft für die Energiewende sowohl ökologisch als auch ökonomisch als sehr hoch zu bewerten ist.

Die Hauptkritik von Windkraftgegnern, der Infraschall, lässt sich dank Studien als nicht wissenschaftlich belegbar abschmettern, sodass die Windkraft an sich als sehr attraktiv bezeichnen lässt.

Dennoch fällt es regional schwer, eine flächendeckende Nutzung politisch durchzuführen, wie man in Bayern gut sehen kann. Der süddeutsche Nachbar Baden-Württemberg macht das besser. Hier ist die Baugenehmigung neuer Anlagen wesentlich weniger reguliert, sodass der Ausbau dieser erneuerbaren Energieform leichter zu realisieren ist.

Das Potenzial der Windenergie kann und darf angesichts des stetig steigenden Energiebedarfs nicht außer Acht gelassen werden, da sich das technische System eines Windrads trotz seiner Komplexität sehr gut beherrschen lässt und immense ökologische Vorteile zum Schutz der Umwelt zugunsten Lebens jetzt und nachfolgender Generationen erzielen lassen können.

Aus diesem Grund ist jede Landesregierung gefordert, sinnvolle Regelungen durchzusetzen, um den Ausbau der Windenergie in Deutschland flächendeckend voranzutreiben.

Weiterer fundamentaler Bestandteil hin zu einer nachhaltigeren Energieversorgung muss ein Einstellungswechsel einiger Bevölkerungsgruppen sein.

Der Wunsch nach grüner Energie ist groß, man muss jedoch auch bereit sein, dass vor der eigenen Haustür Windräder entstehen oder eine große Stromleitung den Windstrom aus dem Norden in Gegenden leitet, wo Windstrom nicht derart ausgebaut ist.

6. Quellenverzeichnis

[1] https://www.uka-gruppe.de/buerger-kommunen/funktionsweise-einer-windenergieanlage/ (Stand 4.12.2020)

[2] Hau E. ,2016, Aerodynamik des Rotors. In: Windkraftanlagen. Springer Vieweg, Berlin, Heidelberg.

[3] Liviu C., 1999, elektrische Maschinen und Antriebssysteme. Springer Vieweg, Wiesbaden.

[4] https://www.energie-lexikon.info/umrichter.html (Stand 29.12.2020)

[5] Heier S., 2018, Windkraftanlagen Systemauslegung, Netzintegration und Regelung, 6.Auflage Springer Vieweg, Wiesbaden.

[6] https://www.wind-energie.de/themen/anlagentechnik/funktionsweise/energiewandlung/ (Stand 28.12.2020)

[7] https://www.ise.fraunhofer.de/de/presse-und-medien/presseinformationen/2018/studie-zu-stromgestehungskosten-photovoltaik-und-onshore-wind-sind-guenstigste-technologien-in-deutschland.html (Stand 2.1.2021)

 [8] https://www.umweltbundesamt.de/themen/klima-energie/erneuerbare-energien/windenergie#strom (Stand 2.1.2021)

[9] https://www.ise.fraunhofer.de/de/presse-und-medien/presseinformationen/2020/nettostromerzeugung-im-ersten-halbjahr-2020-rekordanteil-erneuerbarer-energien.html (Stand 9.1.2021)

[10]

https://www.stmb.bayern.de/assets/stmi/buw/baurechtundtechnik/anwendungshinweise_der _10_h-regelung_stand_juni_2016.pdf (Stand 2.1.2021)

[11] https://www.enbw.com/erneuerbare-energien/windenergie/windpark-pfettrach/projekttagebuch.html (Stand 2.1.2021)

[12] https://www.sueddeutsche.de/bayern/bayern-energiewende-strom-windkraft-abstandsregelung-1.4691355 (Stand 2.1.2021)

[13] https://www.lubw.baden-wuerttemberg.de/erneuerbare-energien/genehmigungsverfahren (Stand 2.1.2021)

[14]https://www.rki.de/DE/Content/Kommissionen/UmweltKommission/Archiv/Schall.pdf?__b lob=publicationFile (Stand 2.1.2021)

[15] https://www.aerzteblatt.de/archiv/205246/Windenergieanlagen-und-Infraschall-Der-Schall-den-man-nicht-hoert (Stand 2.1.2021)

[16] https://www.tennet.eu/de/unser-netz/onshore-projekte-deutschland/suedostlink/ (Stand 12.1.2021)

7. Abbildungsverzeichnis

[Die Abbildungen 1,2 und 6 sind aus urheberrechtlichen Gründen nicht im Lieferumfang enthalten.]

8. Anhang

8.1 Systembeschreibung

Dem Wind kann bis zu einem gewissen Anteil kinetische Energie entnommen und in elektrische umgewandelt werden. Die nutzbare kinetische Energie steigt mit der Windgeschwindigkeit. Vereinfacht gesagt, nutzen Windkraftanlagen diese physikalischen Gegebenheiten für die Erzeugung eines Drehmoments und der Rotationsbewegung. Aktuelle Windenergieanlagen arbeiten mit dem Auftriebsprinzip wie Flugzeuge [1]

[Diese Abbildung ist aus urheberrechtlichen Gründen nicht im Lieferumfang enthalten.]

Abbildung 1 Aufbau eines konventionellen Windrads mit horizontaler Rotorachse

Die Gondel, in der die Umwandlung von mechanischer in elektrische Energie stattfindet, kann wie folgt detailliert werden(links mit Getriebe, rechts ohne):

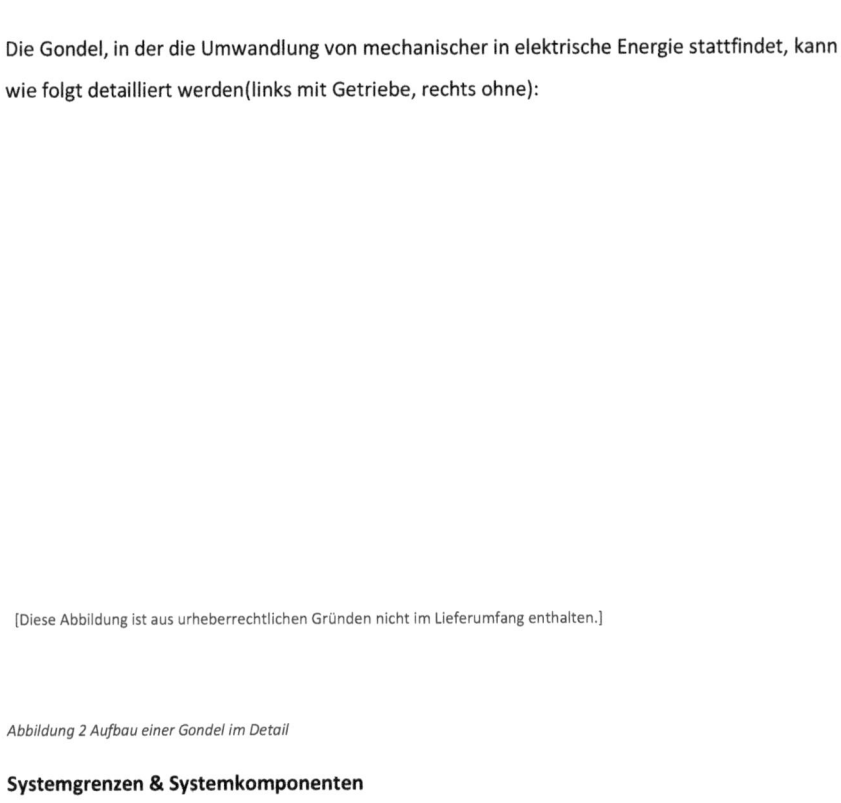

[Diese Abbildung ist aus urheberrechtlichen Gründen nicht im Lieferumfang enthalten.]

Abbildung 2 Aufbau einer Gondel im Detail

Systemgrenzen & Systemkomponenten

In Abbildung 1 sieht man den typischen Aufbau eines Windrads mit oder ohne Getriebe in der üblichen Ausführung mit horizontaler Rotorachse. Im Gegensatz zu Anlagen mit vertikaler Rotorachse können höhere Energieausbeuten erzielt werden. Als Systemgrenze einer Windkraftanlage steht eingangsseitig stets der sogenannte Rotor. Auf dem anderen Ende des Systems befindet sich netzseitig die Transformatorstation (oder: Umrichter) zur Stromeinspeisung in das vorhandene Stromnetz(siehe Abbildung 1).

Wesentliche Systemkomponenten werden im Folgenden erläutert.

Rotor

Der Rotor steht am Anfang der Wirkungskette einer Windkraftanlage. Seine aerodynamischen und dynamischen Eigenschaften sind deshalb in mehrfacher Hinsicht prägend für das gesamte System.[2]

Der Rotor überträgt die kinetische Energie des Windes dank des Tragflächeneffekts an den Rotorblättern in Form von Rotation über eine Welle entweder direkt in den Generator oder noch über ein dazwischen positioniertes Getriebe in den Generator.

Generator

Unter einem elektrischen Generator versteht man eine elektrische Maschine, die die mechanische Leistung in elektrische Leistung umwandelt (mechano-elektrischer Energiewandler) Gleichzeitig erzeugt diese Maschine ein Bremsmoment an der Welle [3]

Zur Vereinfachung der Betrachtung dieses komplexen Systems wird ein Windrad ohne Getriebe betrachtet. Ein Getriebe, das zwischen Rotor und Generator geschaltet werden kann, hat bei manchen Windkraftanlagen den Nutzen, eine gewünschte Eingangsdrehzahl/Eingangsdrehmoment in den Generator zu realisieren.

Frequenzumrichter

Ein Umrichter (auch Frequenzumrichter) ist eine Art von Umformer, welcher aus Wechselstrom oder Drehstrom einen Wechsel- oder Drehstrom mit einer anderen Frequenz (also einer anderen Anzahl von Schwingungen pro Sekunde) erzeugen kann. Er besteht typischerweise aus einem Gleichrichter, der zunächst Gleichstrom erzeugt, und einem Wechselrichter. Ein oder mehrere Transformatoren werden häufig ebenfalls benötigt, da die Leistungselektronik nicht auf beliebigen Spannungsniveaus arbeiten kann. Es gibt auch direkte Umrichter, die ohne einen Gleichstrom-Zwischenkreis auskommen.[4]

8.2 Ursachen und Wirkungen

Die folgende Abbildung liefert einen Überblick aller Komponenten und deren Verkettung innerhalb des Gesamtsystems und zeigt die verschiedenen Beziehungen der Teilsysteme und Energieumwandlungen auf:

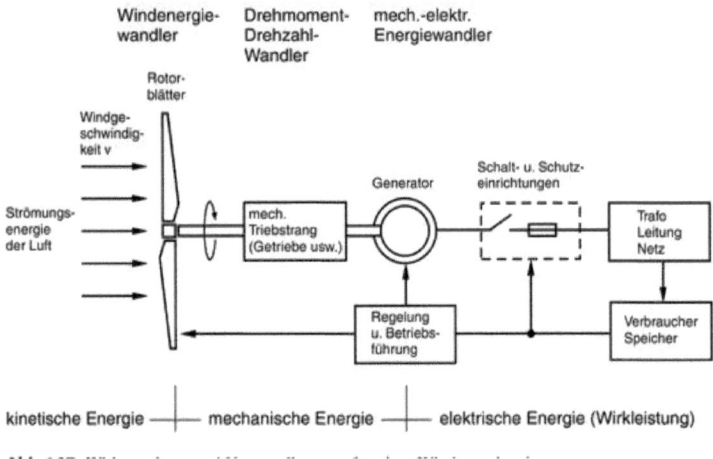

Abbildung 3 Wirkungskette einer Windkraftanlage

Die einzelnen Ein- und Ausgangsgrößen einer Windturbine können wie folgt schematisch in Blackbox-Form visualisiert werden:

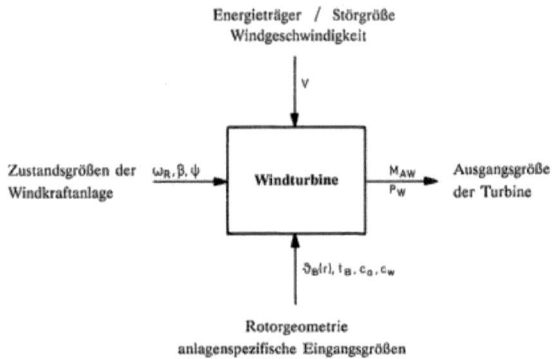

Abbildung 4 Ein-& Ausgangsgrößen bei einer Windturbine (Windrad)

16

Als unabhängige Eingangsgröße wird die Windgeschwindigkeit gesehen. Diese stellt einen Umweltparameter dar, der für die Energiezufuhr maßgebend ist. Gleichzeitig kann sie aber auch Störgrößencharakter haben.

Weiter existieren anlagenspezifische Eingangsgrößen. Diese beinhalten insbesondere die Rotorblattgeometrie und die Rotoranordnung.

Als veränderbare Größen (Zustandsgrößen) treten Turbinendrehzahl, Rotorblattstellung und Blatteinstellwinkel auf. Diese ergeben sich aufgrund des Übertragungssystems der gesamten Windkraftanlage.

Die Zustandsgrößen beeinflussen gezielt und direkt die Ausgangsgrößen der Turbine, die Leistung bzw. das Drehmoment.[5]

Weitere Wirkungen sind Abwärme, Schall und die Windgeschwindigkeit. Sowohl Abwärme als auch Schallwellen entstehen durch Reibungsverluste und Schwingungen im Inneren des Windrads. Weil der bewegten Luft nur ein gewisser Anteil an kinetischer Energie entnommen werden kann, ist die Eingangsgröße Wind auch noch als Ausgangsgröße vorhanden. Allerdings ändert sich die mitgeführte Energie und auch die Geschwindigkeit des Windes.

Innerhalb einer Windkraftanlage treten weitere Ursachen für integrierte Systeme auf. Beispielsweise stellt der Abtrieb der Rotorblätter durch deren Anströmung die Ursache für die Rotation dar, welche wiederum die Ursache für die induktive Energiewandlung im Generator bildet.

Energieformen

Windenergie ist die kinetische Energie bewegter Luft (von griechisch kinesis = Bewegung). Bei der Umwandlung in elektrische Energie durch eine Windenergieanlage muss die Energie des Windes über die Rotorblätter zunächst in mechanische Rotationsenergie gewandelt werden, die dann über einen Generator elektrischen Strom liefert. Die Wandlung der kinetischen Energie des Windes in elektrische Energie unterliegt, wie alle Energiewandlungen, energetischen „Verlusten". So kann dem Wind rein physikalisch nicht mehr als 59 % der Leistung entnommen werden (siehe Betz und Leistungsentnahme). Zusätzlich kommen noch aerodynamische Verluste durch Reibung und Verwirbelungen am Rotorblatt hinzu. Circa weitere zehn Prozent Verluste entstehen durch Reibung in den Lagern und dem Getriebe sowie im Generator selbst, in den Umrichtern und den Kabeln als elektrische Verluste.

Kinetische Energie

Jede bewegte Masse m (Körper, Flüssigkeit oder Gas) enthält kinetische Energie E_{kin}. Sie ist gleich der Hälfte der Masse des Körpers mal dem Quadrat der Geschwindigkeit v. Für Windenergieanlagen ist die bewegte Masse die Luft, die durch die Rotorfläche der Windenergieanlage strömt.

$$E_{kin} = \frac{1}{2}mv^2$$

Energie und Leistung

Der Luftdurchsatz, auch Massenstrom ṁ genannt, der in einer bestimmten Zeit durch die von den Rotorblättern überstrichene Fläche eines Windenergierotors (so genannte Rotorebene) strömt, kann durch die Multiplikation von Rotorfläche, Luftdichte und Windgeschwindigkeit zum Quadrat berechnet werden:

$$\dot{m} = Ax\rho xv$$

Die Leistung P ist gleich der Energie E pro Zeiteinheit. Somit ergibt sich für die Leistung des Windes:

$$P_{Wind} = E = \frac{1}{2}\dot{m}v^2$$

Da der Luftdurchsatz proportional und die Energie des Windes vom Quadrat der Windgeschwindigkeit abhängig ist, ist die Leistung des Windes von der dritten Potenz der Geschwindigkeit abhängig.

$$P_{Wind} = \frac{1}{2}\rho\pi R^2 v^3$$

Somit ist der entscheidende Faktor für die Leistung des Windes seine Geschwindigkeit. Nimmt die Windgeschwindigkeit um das Dreifache zu, so wird die Leistung um 3x3x3 = 27 Mal größer. Die Dichte der Luft hat einen linearen Einfluss auf die Leistung. Kalte Luft ist dichter als warme Luft, somit liefert eine Windenergieanlage bei gleicher

Windgeschwindigkeit z.B. bei -10°C ca. 11% mehr Leistung als bei +20°C. Da die Dichte der Luft auch vom Umgebungsdruck abhängig ist, haben Hoch- und Tiefdruckgebiete, sowie die Höhenlage des Standorts einen Einfluss auf Leistung und Ertrag eines Windrades.

Mechanische Leistung

An der drehenden Welle des Rotors wird die mechanische Leistung Pmech über das Produkt aus Drehmoment M und Rotorwinkelgeschwindigkeit Ω bzw. Drehzahl n bestimmt:

$$P_{Mech} = M\Omega = M2\pi n$$

Elektrische Leistung

Der angetriebene Generator setzt die mechanische Leistung in elektrische Leistung, die über das Produkt von Strom I und Spannung U bestimmt ist, um. Hier gilt das Induktionsgesetz, das die Kopplung von elektrischen und magnetischen Größen beschreibt. Beim Generator ergibt sich die induzierte Spannung auf einen im Magnetfeld bewegten elektrischen Leiter als Wirkung. Beim Motor ist die Kraft auf einen stromdurchflossenen Leiter im drehenden Magnetfeld die Folge.[6]

8.3 Kosten der Stromerzeugung

Eine Fraunhofer-Studie greift aktuelle Trends in Technologie- und Kostenentwicklungen auf, wie die Photovoltaik-Eigenstromversorgung, steigende Volllaststunden für Windenergieanlagen (WEA) und neue Finanzierungsparameter.

Beim Windstrom führten sinkende Anlagekosten und steigende Volllaststunden zu den niedrigen Gestehungskosten von 3,99 bis 8,23 €Cent/kWh, was sie zur zweitgünstigsten Erzeugungstechnologie macht. An guten Standorten produzieren Onshore-Windenergieanlagen zu geringeren Kosten als neue Kohle- oder Gas- und Dampfturbinenkraftwerke-Kraftwerke. Trotz höherer durchschnittlicher Volllaststunden von bis zu 4500 Stunden/Jahr sind Offshore-

Windenergieanlagen mit knapp 7,49 bis 13,79 €Cent/kWh deutlich teurer, was an den höheren Installations-, Betriebs- und Finanzierungskosten liegt (3100 bis 4700 Euro/kW).

Prognose bis 2035

Offshore-Anlagen haben noch ein starkes Kostenreduktionspotenzial und zugleich ist durch die technische Weiterentwicklung eine Steigerung der Vollaststunden zu erwarten. Bis 2035 werden sie je nach Standort und Windangebot mit 5,67 bis 10,07 €Cent/kWh vergleichbare Preise wie heutige PV-Kraftwerke erreichen. [7]

8.4 Wirkungsgrade der Energiewandlungssysteme

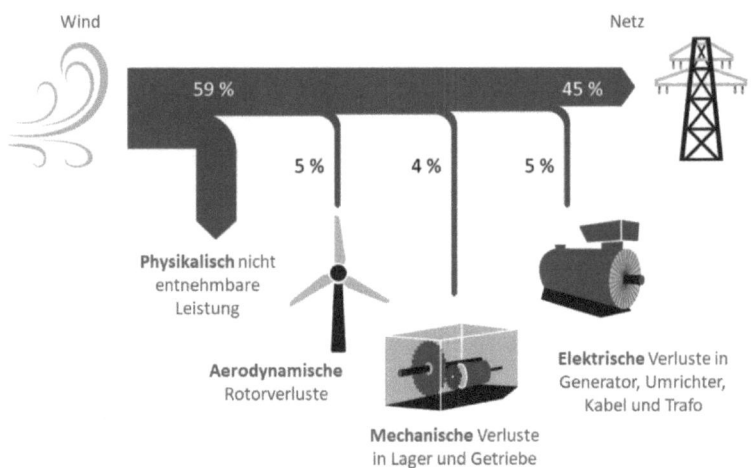

Abbildung 5 Energieumwandlungen bei einer Windkraftanlage

Wie in der obenstehenden Grafik zu erkennen ist, kann nicht die komplette Energie des Windes sinnvoll umgewandelt werden. Während der Energiewandlung entstehen Verluste in Höhe von

14% in mechanischen und elektronischen Systemkomponenten sowie am Rotor selbst. Darüber hinaus ist ein gewisser Teil des Windes nicht entnehmbar, sodass im Realbetrieb lediglich 45% der nutzbaren Windenergie in das Netz gespeist werden können.

8.5 Politische Einflüsse

[Diese Abbildung ist aus urheberrechtlichen Gründen nicht im Lieferumfang enthalten.]

Abbildung 6 Verteilung von Windkraftanlagen in Deutschland

In Abbildung 7 ist deutlich zu erkennen, dass die Verbreitung von Anlagen zur Erzeugung elektrischer Energie mittels Windkraft vom Süden Deutschlands zum Norden hin deutlich zunimmt. Der Grund liegt darin, dass es in den nördlichen Bundesländern wesentlich mehr Wind aufgrund der Nähe zu Ost- und Nordsee gibt. Zudem werden vor den Küsten Offshore-Windparks betrieben.

Darüber hinaus spiegelt die Verteilung zum Teil auch politische Regelungen wider, was im Folgenden beleuchtet werden soll.

Entwicklung der Windenergienutzung in Deutschland

Seit Anfang der 1990er-Jahre wurden mehrere zehntausend Windenergieanlagen in Deutschland installiert. Dadurch kann die Windenergienutzung mittlerweile einen bedeutenden Beitrag zur deutschen Stromversorgung leisten.

Anfangs wurden Windenergieanlagen vor allem in den besonders windreichen Küstenregionen errichtet. Beeindruckende Entwicklungen in der Anlagentechnik haben aber inzwischen dazu geführt, dass die Windenergienutzung durch hohe Anlagen mit großen Rotordurchmessern auch im Binnenland wirtschaftlich ist. Heute ist es zum Beispiel aufgrund ihrer Höhe technisch möglich, moderne Windenergieanlagen auch in Waldflächen zu errichten.

Eine zunehmende Bedeutung bekommt das „Repowering" von Windenergieanlagen. Damit ist das Ersetzen alter Windenergieanlagen mit geringer Leistung durch neue, leistungsstärkere gemeint. Durch das Repowering ist eine wesentliche Steigerung des Stromertrags möglich, ohne dass zusätzliche Flächen in Anspruch genommen werden müssen.

Planung und Genehmigung von Windenergieanlagen an Land

Nach dem Baugesetzbuch (BauGB) sind Windenergieanlagen Bauvorhaben, die im Außenbereich privilegiert sind. Vereinfacht gesagt bedeutet das, dass Windenergieanlagen außerhalb der im Zusammenhang bebauten Ortsteile überall errichtet werden können, wenn dem keine öffentlichen Belange entgegenstehen.

Allerdings können Regionen und Kommunen Flächen speziell für die Windenergienutzung ausweisen, um einen „Wildwuchs" zu verhindern. In der Regel sind Windenergieanlagen dann nur in diesen festgelegten Gebieten zulässig. Ob diese Planung von Standorten für

Windenergieanlagen durch die Regionalplanung und/oder die Bauleitplanung der Kommunen erfolgt, ist in den Bundesländern und Regionen unterschiedlich.

Für Windenergieanlagen, die insgesamt mehr als 50 Meter hoch sind, ist eine Genehmigung nach dem Bundes-Immissionsschutzgesetz (BImSchG) erforderlich. Diese muss bei der zuständigen Genehmigungsbehörde beantragt werden. Die Genehmigungspflicht von Kleinwindanlagen richtet sich nach dem Baurecht. Hier sind die Bestimmungen der Bauordnung des jeweiligen Bundeslandes zu beachten.[8]

Anteil der Windenergie im Jahr 2020

Durch die technologische Weiterentwicklung und Ausbau der Windparks kann ein beachtlicher Anteil an Strom aus Windenergie erzielt werden. Natürlich zählen auch günstige Witterungsbedingungen hierzu, wie im nächsten Abschnitt beschrieben wird.

Im zurückliegenden Jahr 2020 trug die Windenergie wesentlich zur Erzeugung elektrischer Energie in Deutschland bei, wie die nachfolgende Grafik veranschaulicht:

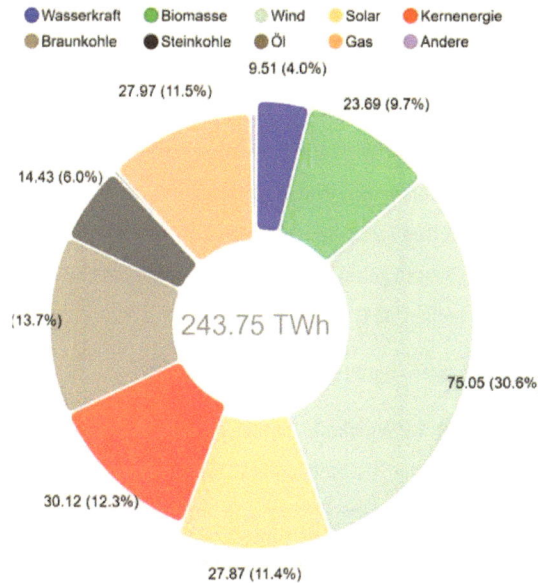

Legende: Wasserkraft · Biomasse · Wind · Solar · Kernenergie · Braunkohle · Steinkohle · Öl · Gas · Andere

9.51 (4.0%)

27.97 (11.5%)

23.69 (9.7%)

14.43 (6.0%)

243.75 TWh

(13.7%)

75.05 (30.6%)

30.12 (12.3%)

27.87 (11.4%)

Abbildung 7 Aufteilung der Stromquellen Deutschlands in 2020

Die Windenergie produzierte in der ersten Jahreshälfte 2020 ca. 75 TWh und lag damit etwa 11,7 Prozent über der Produktion im ersten Halbjahr 2019 (67,2 TWh). Durch die zahlreichen Winterstürme stieg ihr Anteil im Februar sogar auf 45 Prozent der Nettostromerzeugung [9]

Ausgewählte Bauordnungen für Windenergieanlagen

Die Bauordnung für die Errichtung von Windkraftanlagen in Bayern enthält ein ausschlaggebendes Instrumentarium: Die **10H-Regelung,** welche seit 2014 gültig ist.

Diese Regelung legt für Windkraftanlagen fest , dass diese einen Mindestabstand vom 10-fachen ihrer Höhe zu geschützten Wohngebäuden einhalten[10] müssen.

Mit dieser Regelung ist es in Bayern wenig attraktiv geworden, neue Windkraftanlagen zu planen.

Darüber hinaus hat diese Regelung den Abbruch bereits genehmigter und begonnener Projekte zur Folge, was das folgende Beispiel der zuletzt stark wachsenden Region Landshut(Niederbayern) zeigt:

„Die EnBW Windkraftprojekte GmbH hatte auf Flächen der Gemarkung des Marktes Altdorf, Ortsteil Pfettrach, im Landkreis Landshut (Niederbayern) eine Windenergieanlage mit einer Leistung von 3,4 MW geplant. Nach aktualisierten Erhebungen der Windverhältnisse in Verbindung mit der seit Spätherbst 2014 in Bayern geltenden 10H-Regelung hat die EnBW beschlossen, das Windkraftvorhaben einzustellen" [11]

Hier sieht man deutlich, wie die Windkraft seitens der Politik ausgebremst wird.

Der Preis, den der Freistaat für die Befriedung der Windkraft-Gegner bezahlt, ist hoch. Der Ausbau der Windkraft ist zum Stillstand gekommen. In diesem Jahr(2020) sind nur noch zwei Anlagen in Betrieb gegangen, und zwar in den ersten Januar-Tagen. In den folgenden fast elf Monaten wurde kein einziges neues Windrad mehr ans Netz genommen. Dabei halten Experten wie Christof Timpe vom Freiburger Öko-Institut den Ausbau der Windkraft auch in Bayern für unerlässlich. "Die Windkraft ist in Süddeutschland sehr wichtig für die Energiewende und den Klimaschutz", sagt Timpe. "Gerade in den Wintermonaten liefert sie den Ausgleich dafür, dass die Solarkraft nicht so produktiv ist wie im Frühjahr und im Sommer."[12]

Der Verglerich mit dem süddeutschen Nachbarland Baden-Württemberg zeigt, dass die Genehmigung von Windenergieanlagen, durchaus liberaler gestaltet werden kann:

Windenergieanlagen (WEA) bedürfen in aller Regel einer Genehmigung. Für jede WEA mit mehr als 50 m Gesamthöhe ist ein Genehmigungsverfahren nach dem Bundes-Immissionsschutzgesetz (BImSchG) erforderlich. Sollen mehrere WEA an einem Standort betrieben werden (Windpark), kann zusätzlich eine Umweltverträglichkeitsprüfung erforderlich sein. Für WEA bis 50 Meter Gesamthöhe (Kleinwindanlagen) ist ein Baugenehmigungsverfahren durchzuführen, soweit sie nicht verfahrensfrei gestellt sind. Zuständige Behörden für die Durchführung der Genehmigungsverfahren sind in Baden-Württemberg die unteren Verwaltungsbehörden. Das sind die Verwaltungen der Landkreise (Landratsämter) und der kreisfreien Städte.

WEA bis 10 m Höhe sind in Baden-Württemberg verfahrensfrei gestellt. Daher erfordern Kleinwindanlagen bis zu dieser Höhe grundsätzlich kein baurechtliches Verfahren und somit keine Baugenehmigung. In diesem Falle hat der Bauherr die Einhaltung der öffentlich-rechtlichen Vorschriften in eigener Verantwortung sicherzustellen.[13]

Weiterer „Gegenwind" erhält die Windkraft von zahlreichen Protestaktionen, die bei neuen Windparks sehr häufig auftreten. Deren häufigster Kritikpunkt ist der sogenannte **Infraschall:**

„Der Bereich sehr tiefer Frequenzen, in dem die Wahrnehmungskomponente Tonhöhe nicht mehr existiert, wird als Infraschall bezeichnet" [14]

Auswirkungen des Infraschalls auf Menschen

Ob nun hörbar oder nicht – Anwohner in der Nähe von WEA(Windenergieanlagen) machen Infraschall für zahlreiche gesundheitliche Probleme verantwortlich: Erschöpfung, Schlaflosigkeit, Kopfschmerzen, Atemnot, Depressionen, Rhythmusstörungen, Übelkeit, Tinnitus, Schwindel, Ohrenschmerzen, Seh- und Hörstörungen und etliche andere. Aber die Ergebnisse sind höchst inkonsistent. So zeigen zum Beispiel polysomnografische Untersuchungen zum Schlafverhalten, dass sowohl hörbare als auch nicht hörbare Schallphänomene im Umfeld von Windrädern keine nennenswerten Auswirkungen auf das Schlafverhalten haben. Die ebenso unspezifischen wie zahlreichen Beschwerden gaben von Anfang an Anlass zur Skepsis. Das Team um den klinischen Psychologen Prof. Dr. Keith J. Petrie von der Universität Auckland in Neuseeland hat die Frage untersucht, ob die Psyche angesichts eines Windrades in der Nachbarschaft das Krankheitsempfinden triggert.

Nocebo-getriggerte Symptome

Petrie kann zeigen, dass Negativ-informationen über Windräder ungute Erwartungen triggern und dies eher Symptome verursacht als der Infraschall selbst [15]

Süd-Ost-Link von Tennet

Der sogenannte Süd-Ost-Link vom Netzbetreiber Tennet spaltet die Gemüter entlang der geplanten Trasse seit Jahren.

Tennet selbst beschreibt das Projekt folgendermaßen:

Der SuedOstLink ist eines der fünf großen deutschen Infrastrukturprojekte für Nord-Süd-Stromnetzverbindungen mit den längsten Gleichstrom-Landkabelverbindungen weltweit und einer der Schlüssel der Energiewende [16]

Ziel ist es, den per Windstrom erzeugten Strom aus dem Norden in das südliche Deutschland zu transportieren.

Auch hier zeigt sich, wie mit Protesten nachhaltige Energieformen ausgebremst werden.